Henri Blerzy

Les Aqueducs et la distribution des eaux dans les villes

Étude

 Le code de la propriété intellectuelle du 1er juillet 1992 interdit en effet expressément la photocopie à usage collectif sans autorisation des ayants droit. Or, cette pratique s'est généralisée dans les établissements d'enseignement supérieur, provoquant une baisse brutale des achats de livres et de revues, au point que la possibilité même pour les auteurs de créer des œuvres nouvelles et de les faire éditer correctement est aujourd'hui menacée. En application de la loi du 11 mars 1957, il est interdit de reproduire intégralement ou partiellement le présent ouvrage, sur quelque support que ce soit, sans autorisation de l'Éditeur ou du Centre Français d'Exploitation du Droit de Copie , 20, rue Grands Augustins, 75006 Paris.

ISBN : 978-1976540981

10 9 8 7 6 5 4 3 2 1

Henri Blerzy

Les Aqueducs et la distribution des eaux dans les villes

Étude

Table de Matières

Introduction	6
Section I	7
Section II	16
Section III	24

Introduction

Après l'air que nous respirons, il n'est rien qui, plus que l'eau, soit indispensable à l'existence et qui exerce plus d'influence sur la santé. L'eau n'est pas seulement le principe essentiel de nos boissons, c'est aussi le grand purificateur de toutes les souillures dont nous avons essayé dans une étude précédente de mettre en lumière les pernicieux effets.[1] Un air pur et une eau saine sont les deux conditions premières d'une habitation salubre, et si l'intérieur des grandes villes nous fait voir parfois les tristes conséquences d'une atmosphère viciée, on y découvre aussi le spectacle attristant de misères et de saletés répugnantes que des ablutions abondantes feraient disparaître. Il n'est pas un être qui puisse vivre sans eau, pas un hameau qui puisse en être privé ; pour l'industrie, c'est un agent universel qui produit et condense la vapeur, qui dissout, nettoie, conserve ou altère tour à tour les matières premières ; aussi les usines en consomment-elles d'énormes quantités. Il n'est donc pas surprenant que les villes aient été fondées de préférence sur le bord des rivières, et que le souci de tout propriétaire qui se fait bâtir une maison soit de découvrir une source ou de creuser un puits sur son domaine. On dirait au premier abord que l'eau est un bien répandu à profusion sur la croûte terrestre, et que chacun est libre de s'approvisionner aux inépuisables réservoirs que la nature a ménagés. Par malheur il n'en est pas ainsi : les rivières, souillées par les détritus de la vie animale et des fabriques, ne fournissent trop souvent qu'un liquide malsain ; les sources, chargées de sels terreux et minéraux, sont quelquefois impropres à la boisson et aux usages domestiques ; ailleurs il n'y a ni sources ni rivières. De là est née une science qui a pour but de découvrir les eaux de bonne qualité qui se cachent dans le sein de la terre, et de les amener à portée des consommateurs par des canaux artificiels, science déjà vieille, puisque les Romains ont laissé des preuves magnifiques du soin qu'ils apportaient aux ouvrages hydrauliques, récente toutefois à d'autres égards, car le microscope et les minutieuses analyses de la chimie moderne sont seuls capables de nous éclairer sur la valeur relative des eaux d'origine diverge qui coulent à la surface du globe.

---

[1] Voyez la *Revue* du 1er juin.

Section I

Si l'on veut apprécier les vertus et les défauts dont l'eau peut être douée, il faut suivre par la pensée les pérégrinations qu'elle accomplit soit à l'état liquide, soit à l'état gazeux, et examiner les causes multiples qui en altèrent la pureté naturelle. Les vapeurs aqueuses qui s'élèvent dans l'atmosphère au-dessus des mers, des rivières et des étangs sont, comme on sait, de l'eau distillée, c'est-à-dire un composé à proportions invariables de deux corps simples, oxygène et hydrogène. Ces vapeurs sont toujours d'une pureté parfaite, qu'elles émanent d'un marais fangeux, d'un océan saumâtre ou d'un clair ruisseau. Réunies et déjà presque condensées, elles forment les nuages qui planent au-dessus de nos têtes. Un dernier degré de condensation les précipite sur le sol, où elles arrivent en gouttes encore vierges, sauf l'addition d'une notable quantité d'air dissous et de parties infinitésimales d'ammoniaque et d'acide carbonique empruntées aux couches aériennes que traverse la pluie. Si l'on s'avisait de mettre les nuages en bouteilles ou que l'on recueillît simplement l'eau de pluie avant qu'elle n'ait touché la terre, on aurait une boisson potable, mais qui paraîtrait un peu fade, parce qu'elle manquerait des éléments minéraux qui donnent la sapidité au liquide que nous avons coutume de boire.

On sait que l'eau de pluie, à moins d'averse extraordinaire, ne séjourne que peu de temps à l'endroit où elle est tombée. Une partie s'évapore immédiatement et regagne l'atmosphère, une autre partie s'écoule en minces filets ou en torrents qui ravinent les sols en pente jusqu'au lit de la rivière la plus proche, le reste enfin pénètre sous terre, s'infiltre à travers les couches sablonneuses, glisse sur les rochers, s'introduit par les fissures des couches imperméables, chemine obliquement avec une lenteur excessive, en descendant toujours, et finit par venir sourdre à ciel ouvert dès que la configuration géologique de la contrée le permet. La proportion entre la quantité d'eau tombée du ciel et celle qui s'insinue à l'intérieur du globe dépend, on le comprend sans peine, de la nature même de la surface ; les sables retiennent presque tout ce qu'ils reçoivent, les rochers ne gardent presque rien. Toutefois on peut évaluer en moyenne la quantité d'eau absorbée par le sol au tiers de celle qu'il a reçue sous forme de pluie. C'est du moins le chiffre admis pour les terrains les plus communs aux environs de Paris, si bien que, lorsqu'il tombe 60 centimètres de pluie par an, on calcule avec assez de vraisemblance qu'il y en a 20 centimètres qui imbibent les couches profondes, ou, si l'on aime mieux, que chaque hectare superficiel cache une masse d'eau souterraine de 2,000 mètres cubes.

Avant de suivre plus loin le cours invisible de cette eau tombée du ciel, rappelons en peu de mots la disposition géologique des régions inférieures où elle va pénétrer. Personne n'ignore que la croûte solide du globe se compose d'assises superposées dans un ordre régulier et pour ainsi dire emboîtées les unes dans les autres. Dans le creux des vallées se trouvent les couches les plus modernes, qui sont aussi les plus propres à la culture ; au-dessous s'étendent des bancs d'argile, de craie, de sables ou de grès que les océans des siècles passés ont déposés par étages successifs aux diverses époques de la vie de notre planète ; puis au-dessous encore gisent dans leur immobilité primitive les roches granitiques, que l'on dit être le noyau de la terre. Les terrains d'alluvion, plissés, déformés, inclinés en divers sens par les convulsions qui ont déprimé l'écorce terrestre, se relèvent sur le flanc des coteaux, mais n'en atteignent pas tous le sommet, en sorte qu'on les voit affleurer à différentes hauteurs. Les uns sont perméables à l'eau, comme les sables siliceux, qui la laissent filtrer par tous les interstices et ressemblent à des éponges, ou comme les bancs de craie, qui sont brisés par mille fendillements. D'autres sont imperméables, tels que les argiles et les grès. Les eaux se réunissent au bas des couches perméables, et jaillissent en sources lorsqu'elles arrivent à un endroit où le terrain manque devant elles. Les anciens avaient imaginé les théories les plus bizarres pour rendre compte de l'existence des sources ; ils allaient jusqu'à prétendre qu'elles étaient engendrées par la mer au moyen de conduits souterrains, tandis qu'elles n'ont en réalité d'autre origine que la pluie, les brouillards, la rosée et la neige. Grâce à cette explication simple et ingénieuse, on a pu affirmer qu'il existe au fond de chaque vallon une source apparente ou secrète, et des hydroscopes exercés ont su deviner au seul aspect du sol les ruisseaux cachés au-dessous de la surface. L'expérience et l'observation ont ainsi remplacé, pour la découverte de ces trésors d'eau limpide, la baguette de coudrier et tes autres moyens chimériques auxquels on avait jadis recours. La recherche des sources est maintenant une science que plusieurs personnes exercent avec une sûreté d'appréciation remarquable.[1]

Les eaux ne peuvent ainsi circuler sous terre sans emprunter quelque chose au terrain qu'elles traversent. Tantôt elles se chargent de matières minérales ou sulfureuses et acquièrent des propriétés médicinales ; le plus souvent elles ne dissolvent que des sels terreux, des carbonates et des sulfates de chaux ou de magnésie qui ne leur donnent ni couleur ni odeur, et leur communiquent seulement une légère sapidité ; parfois elles deviennent tout à fait salées ; les plus pures émergent des terrains primitifs. Lorsque les eaux sortent de terre avec un excès de sels en dissolution, elles en abandonnent bien vite une partie, et l'on dit alors qu'elles sont incrustantes, parce qu'elles recouvrent d'une couche calcaire les objets que l'on y plonge. Dans ce cas, elles conviennent peu à la boisson et moins encore à la consommation industrielle. Tandis qu'elles courent à ciel ouvert, les eaux acquièrent de nouvelles qualités et aussi de nouveaux défauts. Elles abandonnent, ainsi qu'il vient d'être dit, une portion des sels qu'elles tenaient en dissolution ; mais elles se chargent de boue et de limon lorsque le volume de la rivière est grossi par accident, elles prennent un goût désagréable si elles traversent des marais tourbeux, elles s'altèrent quelque peu au contact des végétaux qui vivent et périssent sur la rive et des détritus qui tombent à la surface, elles se corrompent par les débris organiques qu'y rejettent les hommes et les animaux. Cette dernière cause d'impureté, qui n'a qu'une faible importance dans les campagnes, devient au contraire très redoutable en aval des villes et des centres industriels.

Depuis les eaux vives et claires qui sortent du pied des glaciers ou jaillissent entre les roches des terrains primitifs jusqu'aux eaux épaisses et bourbeuses que certaines rivières déversent dans l'océan, il y a bien des degrés intermédiaires. Quelles sont celles qui conviennent le mieux aux besoins de la vie, à la boisson, aux usages domestiques et industriels, à l'arrosage des prairies et des jardins, au nettoiement des villes ? Les médecins s'accordent à dire que les qualités essentielles d'une eau potable sont d'être limpide,

---

1 On lira avec intérêt l'*Art de découvrir les sources*, où l'abbé Paramelle a expliqué avec une lucidité parfaite les principes de la prétendue divination dont, on l'avait gratifié.

sans odeur, d'une saveur franche et agréable, d'être tempérée en hiver et fraîche en été. Hippocrate a dit jadis : *Optimæ sunt quæ et hieme calidæ sunt, œstate vero frigidæ*. Les carbonates en dissolution paraissent exercer une influence favorable à la digestion, non moins que l'air et l'acide carbonique à l'état gazeux. L'eau distillée, qui est au point de vue chimique la plus pure de toutes les boissons, semble fade au palais et pesante à l'estomac, parce qu'elle est privée de matières étrangères et recèle à peine des traces d'air atmosphérique. Les marins s'en procurent souvent, soit au moyen d'appareils distillatoires, soit dans les mers polaires par la fusion de la glace ; mais ils ont soin de ne la boire qu'après l'avoir agitée à l'air. S'il y a au contraire un excès de substances dissoutes, l'eau est encore indigeste ; on appelle eaux séléniteuses, eaux dures, eaux crues, celles qui présentent ce dernier inconvénient. Par une prévoyance providentielle qui est une des innombrables harmonies de la nature, les sources qui s'offrent le plus souvent à l'homme sont exemptes de ces défauts. On doit donc éviter d'employer à la préparation des aliments les eaux de pluie ou de neige fondue, qui sont trop pures, de même que les eaux incrustantes, qui ne le sont pas assez ; on ne redoutera pas moins les eaux stagnantes, qui sont trop fréquemment croupies. L'eau des rivières, lorsqu'elle coule sur un fond rocailleux ou sur un lit de sable, convient mieux, si l'on a soin de ne pas la puiser aux endroits où elle est altérée par le voisinage des villes, et si l'on est à même de la tiédir en hiver, de la rafraîchir en été, de la clarifier lorsqu'elle est trouble. Les puits donnent une boisson salubre et agréable, s'ils sont préservés de toute infiltration malsaine, ce qui est plus rare qu'on ne le pense. En définitive, ce sont les sources qui sont au premier rang. Les préférences générales s'étaient prononcées en ce sens bien avant que les savants aient eu l'idée d'analyser les qualités des eaux.

Il importe peu que les eaux destinées à l'industrie et aux besoins de l'économie domestique soient douées, hiver comme été, d'une température uniforme ; mais il est indispensable qu'elles soient propres, ce qui veut dire débarrassées du limon, et des substances organiques putrescibles, et qu'elles ne contiennent en dissolution qu'une faible dose de sels terreux. Ce dernier point est surtout d'une importance extrême pour le blanchissage, car les sels calcaires et magnésiens absorbent en pure perte une notable quantité de savon. On s'est amusé à calculer, d'après des évaluations qui ne manquent pas d'exactitude, que les habitants de Londres économiseraient du savon pour une somme de 400,000 livres sterling par an, s'il leur était fourni de l'eau douce en place de l'eau séléniteuse que distribuent les fontaines de cette capitale. Quant aux liquides destinés aux services publics, à l'arrosement des rues et des plantations, au lavage des égouts et des abattoirs, il est clair que la composition chimique n'est plus en cause, et qu'il suffit qu'ils ne dégagent aucun gaz malfaisant ; toutefois, s'ils sont distribués dans une grande ville par des tuyaux souterrains, il faut encore qu'ils ne soient pas incrustants, car les dépôts qu'ils laisseraient sur les parois des conduites en rétréciraient bientôt l'ouverture. On évitera aussi d'amener dans les rues d'une ville les eaux trop chargées de sédiments et de boue que fournissent les rivières où les crues sont fréquentes ; tout au contraire il faudra préférer cette nature de liquide, s'il s'agit d'irriguer des terres trop sèches et d'en colmater la surface par un dépôt artificiel de limon.

Nous sommes renseignés sur la nature des eaux qu'il convient de rechercher pour les diverses applications que l'on en veut faire ; mais comment reconnaître, à moins d'être un chimiste expérimenté, les vices occultes d'une source, d'une rivière ou d'un puits ? En réalité, il est assez facile d'arriver à ce résultat avec une exactitude suffisante, quand même on ne posséderait que des notions scientifiques très élémentaires. Les substances étrangères qui influent sur la qualité de l'eau sont organiques ou inorganiques. Dans la première catégorie se rangent tous les résidus de plantes et d'animaux que la mort décompose ; dans la seconde figurent les sulfates et carbonates de chaux ou de magnésie et d'autres sels empruntés au sol que les eaux ont baigné. L'odorat et la vue donneront d'abord des indications utiles ; si le liquide est louche ou coloré, s'il décèle une odeur quelconque, il sera prudent de le tenir pour suspect. La transparence et la saveur de l'eau pure sont si connues, que le plus ignorant ne risque guère de s'y méprendre. Toutefois une expérience plus délicate ne sera pas superflue. Prenons une goutte de l'eau soumise à l'épreuve, et plaçons-la sur le porte-objet d'un microscope. Personne n'ignore que l'on y verra, si limpide qu'elle soit à l'œil nu, des myriades d'êtres infiniment petits qui se meuvent avec une vivacité prodigieuse. L'eau distillée même n'en est pas exempte, pour peu qu'elle ait été exposée à l'air ; mais le nombre, la nature, la forme de ces embryons dévoileront le poison caché, surtout si l'on a soin de soumettre au même essai, pour en faire la comparaison, une eau évidemment contaminée, comme le serait celle qui s'écoule dans les ruisseaux des rues. Il est une méthode plus simple encore et non moins certaine. Qu'on laisse de l'eau dans un vase clos pendant vingt ou trente jours, et si elle n'a perdu ni sa limpidité ni sa saveur primitive, elle sera réputée sans crainte de bonne qualité. On ne saurait trop recommander cette expérience, qui semble banale à force de simplicité, car la présence dans les boissons de matières organiques en décomposition exerce un effet funeste sur la salubrité. Il n'est guère permis de douter que l'altération des eaux potables par des débris d'êtres vivants joue un rôle capital dans la production et le développement des épidémies qui déciment la population des grandes villes.

Voilà pour les substances organisées, dont l'influence est sans contredit prépondérante. Cependant il est nécessaire de compléter cette analyse sommaire par la recherche des matières inorganiques, surtout du gypse ou sulfate de chaux, sel nuisible, bien qu'il n'ait aucune propriété toxique. Le gypse s'appelait splénite dans l'ancienne nomenclature chimique, d'où vint le nom de séléniteuses donné aux eaux qui en sont chargées. Dans la pratique de tous les jours, ce défaut se reconnaît à ce que les eaux qui en sont affectées dissolvent mal le savon et sont impropres à la cuisson des légumes, qui s'y durcissent au lieu de s'y ramollir. On leur reproche aussi, et l'on paraît en avoir de sérieux motifs, de détruire les dents. Lorsque ce caractère est bien tranché, il ne convient donc de les employer ni pour la préparation des aliments ni pour les besoins domestiques. Il est heureux que l'on puisse apprécier la qualité de telles eaux au moyen d'un appareil très simple, l'*hydrotimètre*, invention récente de MM. Boutron et Boudet, qui a rendu d'immenses services dans toutes les études hydrologiques entreprises depuis quelques années, peu de mots suffiront pour indiquer en quoi consiste cet utile instrument. Si l'on dissout dans l'eau pure une légère quantité de savon et qu'on agite cette eau, elle absorbe des globules d'air, les emprisonne et forme ce qu'on appelle de la mousse. Il ne faut qu'un décigramme de savon par litre d'eau distillée pour que ce phénomène se produise ; mais lorsque l'eau contient un sel de chaux ou de magnésie, le savon, s'unissant à ce sel, donne naissance à un produit insoluble qui se manifeste sous forme de flocons ou de grumeaux. Il se dépose au fond du vase après quelques instants de repos ce que les chimistes appellent un précipité caillebotté, et c'est seulement lorsque tous les sels terreux ont été décomposés par le savon qu'une nouvelle dose de celui-ci communique à l'eau la propriété de devenir mousseuse. Ce qu'il a fallu mettre de savon avant d'en arriver là donne la mesure des sels terreux qui se trouvaient dans le liquide et que l'on en a éliminés. MM. Boutron et Boudet ont basé sur cette réaction curieuse une méthode élémentaire pour apprécier la valeur de l'eau, méthode d'une rigueur scientifique irréprochable, et néanmoins facile à comprendre et à pratiquer par des hommes qui n'ont pas m'habitude des opérations chimiques.

L'hydrotimètre est pour les sources et les rivières ce que l'alcoomètre est pour les spiritueux ; le premier exprime en degrés de convention le mérite d'une eau, comme le second donne la valeur marchande d'un alcool. Quoique cet instrument ne soit connu que depuis peu d'années, on s'en est servi déjà pour éprouver d'innombrables échantillons d'eau puisés dans toutes les contrées de l'univers. Une source qui jaillit près de Cannes et qui porte le nom significatif de fontaine des Lessives a été trouvée presque aussi pure que l'eau distillée ; elle ne marque que 1° hydrotimétrique. Au contraire l'eau de la fontaine Maubuée, à Paris, dont le nom n'est pas moins expressif, atteint 76°. En général toutes les sources des environs de Paris, issues d'un terrain gypseux, sont au nombre des plus mauvaises que l'on ait expérimentées. La Loire ne titre que 6°, tandis que la Seine varie de 15° à 23°. La Garonne à Bordeaux se tient à 11° ; le Rhône et la Saône ne valent pas mieux que la Seine, et la Marne lui est inférieure en qualité. Le Tibre est pire encore, car il est coté à 29°. Les anciens Romains avaient donc d'excellents motifs d'en répudier les eaux, à part même la couleur jaunâtre et l'aspect trouble qu'elles présentent ; mais les eaux abondantes qui arrivent encore à Rome par des aqueducs ne leur sont guère préférables. L'hydrotimètre, manié par d'habiles observateurs, s'est montré du reste un instrument si délicat, que l'on a pu constater entre les quais de Paris une différence appréciable, suivant que l'eau était puisée près de la rive droite ou près de la rive gauche. Il a révélé que les eaux de la Marne se mêlent à celles de la Seine avec une lenteur extrême, car l'influence prépondérante et la qualité inférieure des flots de cet affluent sont encore sensibles sur le côté droit du fleuve à plusieurs kilomètres au-dessous du point où les deux lits se confondent. Grâce à l'ingénieuse méthode de MM. Boutron et Boudet, des savants poursuivent depuis plusieurs années sans embarras ni difficultés une immense enquête qui révélera sous un jour nouveau les ressources en eaux potables de notre pays, et donnera peut-être l'explication de certaines anomalies sanitaires que les hygiénistes n'avaient pas su deviner. On s'occupe avec persévérance de dresser des statistiques agricoles ou industrielles ; des investigations de même nature appliquées à l'eau, au liquide universel et indispensable sans lequel nous ne pouvons vivre, présentent un intérêt incontestable la qualité des eaux répandues à la surface du globe avait été de tout temps l'objet des préoccupations publiques ; le vulgaire leur attribuait, par d'invincibles préjugés que la science a souvent reconnus justes, une influence prépondérante sur l'état de santé ou de maladie des populations. Il est heureux qu'on puisse enfin en connaître la composition par des méthodes simples et efficaces, bon moyen de prévenir des dangers ou de calmer des inquiétudes en temps d'épidémie.[1] Toutefois on aurait tort de mettre trop de confiances en une seule épreuve. Après avoir constaté qu'une eau est suffisamment exempte de matières organiques parce qu'elle est de conservation facile, après avoir déterminé le titrage hydrotimétrique qui indique ce qu'elle contient de sels terreux, il serait prématuré de porter un jugement définitif sur ce qu'elle vaut en tant que boisson. Ce ne sont que des présomptions. Le mode d'action sur l'économie animale des liquides ingérés est soumis à des lois encore mystérieuses ; on en

---

1 Pendant le choléra de 1854, une paroisse de Londres qui n'avait enregistré que vingt cas de maladie jusqu'au 30 août en compta plus de six cents pendant les cinq jours suivants. Au milieu de la désolation que causait cette mortalité, un médecin s'avisa d'accuser les eaux d'un puits public que l'autorité fit interdire ; l'épidémie se calma subitement. Dans une enquête postérieure, il fut constaté que ce puits communiquait avec une fosse d'aisances, et que toutes les personnes qui avaient bu de ces eaux avaient été atteintes du choléra. Ne se dira-t-on pas que le fait a dû se produire en bien d'autres localités ? Choisir pour l'alimentation d'une ville des eaux de sources recueillies au milieu des champs, les amener dans un canal souterrain à l'abri des atteintes des hommes et des animaux, c'est prévenir de tels accidents autant que la sagesse humaine en est capable.

Henri Blerzy

trouve une preuve certaine dans la variété d'effets que produisent les sources minérales, bien que l'analyse chimique n'y découvre souvent aucun caractère spécial. Aussi un savant hygiéniste, M. Michel Lévy, a pu dire avec une exacte vérité que le complément de l'exploration des eaux est dans l'observation des personnes et même des animaux qui en font usage.

Cependant, puisque les analyses chimiques sont encore le guide le plus sûr lorsqu'il s'agit de choisir des eaux pour la consommation d'une ville ou d'un village, on s'est demandé quel est le degré de l'hydrotimètre auquel il convient de s'en tenir, quelle est la proportion de sels dissous qui est favorable à la santé, quelle est la limite qu'on ne pourrait dépasser sans fournir au blanchissage et aux industries diverses des liquides impropres à leurs besoins. Au-dessus de 18°, les eaux incrustent les tuyaux de conduite ; elles tapissent l'intérieur des chaudières à vapeur d'une croûte de dépôts calcaires qui est une cause fréquente d'explosions ; elles cessent d'être agréables au goût, et deviennent dures, malsaines, indigestes. On s'est donc dit que des eaux de source ou de rivière ne sauraient convenir à l'approvisionnement d'une ville, si elles marquent plus de 18° à l'hydrotimètre. Elles seront encore rejetées, si elles ne sont pas susceptibles d'être conservées longtemps en vase clos, ou bien si la population qui en fait usage est affectée de l'une de ces endémies inexplicables attribuées depuis longtemps, non sans motifs, à des eaux impures.[1]

Pour épuiser la série des questions théoriques que soulève l'approvisionnement des villes en eaux pures, il reste à examiner quelle quantité chaque habitant doit en avoir à sa disposition. Le chiffre en est assez variable. Il dépend du climat, des habitudes, de mille autres conditions locales auxquelles une solution générale ne s'applique qu'avec peine. S'il ne s'agissait que de la boisson des hommes et des animaux domestiques, il suffirait à coup sûr que chacun en reçût quelques litres. Ce que réclament les ablutions et le blanchissage s'estime moins facilement. L'arrosage public

---

1 Quand les eaux les plus voisines d'une ville et qu'il serait le plus facile de distribuer à peu de frais dans les rues ne satisfont pas aux conditions multiples qui viennent d'être énumérées, on s'est demandé s'il ne serait pas possible de les clarifier par le filtrage, lorsqu'elles sont impures, ou de les ramener hiver comme été, lorsqu'elles sont glacées ou tièdes, à la température voulue. Toutes les tentatives de ce genre ont échoué lorsqu'on en a fait l'essai sur une grande échelle.

et la consommation industrielle échappent de même à toute supputation exacte. Toutefois il est un fait incontestable, c'est que les besoins du public s'étendent ou s'amoindrissent suivant les saisons ; l'été, qui fait baisser le niveau des sources et des rivières, est par malheur le moment où les besoins augmentent. Il est bien reconnu aussi que les soins de propreté sont en progrès, ce qui est un signe d'amélioration sociale, et que des classes nombreuses d'habitants réclament des quantités d'eau bien supérieures à celles qui leur suffisaient jadis. Enfin la population des grandes villes ne s'accroît-elle pas d'une façon incessante ? Qu'on s'étonne si les cités qui paraissaient, il y a vingt ans, bien pourvues se préoccupent d'augmenter leurs distributions d'eau ! Pour le moment, il semble que 150 litres par jour et par tête soient une ration convenable. Ce n'est toutefois qu'un chiffre restreint, au-dessous duquel il serait imprudent de descendre. Les villes qui passent pour bien pourvues ont adopté un coefficient deux ou trois fois plus considérable. Avant toutes, il convient de citer Rome, où l'eau qui s'écoule journellement par des conduites artificielles correspond à un mètre cube par habitant ; il n'y reste cependant que des débris des anciens aqueducs, types admirables que nos édiles modernes n'ont imités que de loin, même quand ils ont eu la licence de donner une immense impulsion aux travaux publics. Ainsi la vieille capitale plu monde est, en ce qui concerne les distributions d'eau, connue sous beaucoup d'autres rapports, le premier modèle il étudier.

Section II

Du moment que les habitants d'une ville, ne se contentant plus des eaux de puits ou de rivière qu'ils ont sous la main, prennent la résolution d'y amener celles de sources ou de ruisseaux éloignés, il faut ouvrir un canal factice à ces eaux nouvelles ; c'est ce que l'on désigne sous le nom d'aqueduc. Tantôt c'est une simple rigole, à ciel ouvert ou abritée d'une voûte, que l'on trace à la surface du sol avec une pente ménagée de telle sorte que le liquide s'écoule en vertu de la pesanteur. La science de l'hydraulique, la plus subtile partie de l'art de l'ingénieur, enseigne quelles doivent être en chaque cas les dimensions du canal, suivant le volume d'eau qu'on lui veut faire débiter. Tantôt une montagne barre le passage, on la traverse en souterrain, tantôt c'est une vallée qu'il faut franchir. Lorsqu'ils se trouvaient en présence de cette difficulté, les Romains savaient faire usage du siphon, c'est-à-dire d'un épais tuyau recourbé dont les branches rampent sur les flancs du vallon. L'eau descend par son poids dans la branche d'amont et reprend presque son niveau primitif dans la branche d'aval. Toutefois, si les ingénieurs de l'empire romain connurent cet expédient, — on en retrouve des traces aux environs de Lyon, — ils préférèrent presque toujours maintenir leurs aqueducs à hauteur sur des arcades en maçonnerie. Les ouvrages de ce genre, dont les restes subsistent en toutes les contrées qu'occupèrent les maîtres du monde ancien, méritent d'être comptés au nombre des plus beaux et des plus utiles travaux par lesquels ils signalaient leur domination. L'Espagne conserve les aqueducs de Tarragone et de Ségovie. Les aqueducs d'Agrigente et de Catane en Sicile, ceux d'Arcueil et de Metz ainsi que le pont du Gard en France, sont des témoins durables de l'ampleur qui caractérisait à cette époque les œuvres d'utilité publique. L'Afrique française en contient de nombreux vestiges ; mais ils n'ont plus d'intérêt que pour les archéologues, tant ils sont délabrés : des arcades isolées qui se maintiennent en équilibre après avoir subi l'effet rongeur du temps et résisté aux entreprises destructives des barbares nous disent combien ces constructions étaient hardies et solides.[1] Il y avait sans contredit dans cette façon grandiose d'aborder et de vaincre les obstacles une preuve de puissance et un sentiment de la beauté architecturale qui nous frappent encore très vivement. Nos œuvres modernes, moins apparentes, plus modestes et plus économiques, se contentent d'être conçues sur un plan plus rationnel.

Les habitats de la ville éternelle ne consommèrent durant quatre

---

1 De la permanence des édifices romains, on a voulu tirer un argument en faveur des procédés de construction que les anciens employaient. Nous ne savons pas, a-t-on souvent dit, préparer des mortiers aussi durables et aussi résistants que les leurs, asseoir aussi bien qu'eux nos édifices et donner aux matériaux qui les composent la cohésion que l'on remarque dans les restes de murailles antiques, où la pierre et le mortier ne font plus qu'un. Il parait démontré que cette liaison intime des matériaux, que l'on constate aussi dans les ruines du moyen âge, est l'œuvre des siècles et non le résultat d'une composition de ciment dont le secret aurait été perdu, et que des maçonneries bien faites avec les matières dont nous disposons sont destinées de même à se transformer en un seul bloc de roche compacte par l'effet du temps.

Section II

siècles que les eaux du Tibre, jaunes en la saison des pluies, tièdes en été, et celles de quelques sources où citernes qui se trouvaient dans l'enceinte de la cité. Eh l'année 441 de la fondation de Rome, le censeur Appius Claudius conçut et exécuta le projet de réunir les sources éparses sur la montagne de Frascati, à sept ou huit milles de distance, et de les conduire en ville par un aqueduc. Peu de temps après, un second canal, construit avec les dépouilles du roi Pyrrhus, amena dans les hauts quartiers de Rome les eaux de l'Arno ; mais celles-ci, troubles comme toutes les eaux de rivière, durent être réservées pour l'arrosage des jardins. D'autres dérivations furent établies plus tard à mesure que la population croissait en nombre et en besoins. Auguste fit venir les eaux du lac Alsietina afin d'alimenter la naumachie qu'il venait de créer. En résumé, il existait à la fin du premier siècle de l'ère chrétienne neuf aqueducs qui tous ensemble amenaient chaque jour 1,500 mille mètres cubes d'eau sur les sept collines, soit à peu près autant que la Marne en verse dans la Seine en temps ordinaire ; et quatre fois plus que n'en reçoit aujourd'hui la population de Paris. Certains aqueducs débouchaient à quelques mètres seulement au-dessus des quais du Tibre et desservaient les quartiers bas ; d'autres arrivaient sur les points les plus élevés. Les eaux, après s'être clarifiées dans de gigantesques réservoirs, étaient réparties entre les fontaines monumentales ou privées, les thermes, les camps, les théâtres ; une portion était dévolue aux jardins, aux égouts et aux voies publiques ! Le consul Frontin, qui vivait au temps de l'empereur Nerva, et remplissait les hautes fonctions de curateur des eaux, a décrit dans ses *Commentaires* l'admirable organisation de ces précieux ouvrages. Ce n'est plus que par ses écrits qu'il nous est possible de savoir ce qu'ils furent autrefois, car les Goths coupèrent tous les aqueducs en l'an 537 de notre ère, et Rome n'eut plus à boire pendant trois siècles que les eaux limoneuses du Tibre. Les papes rétablirent enfin quelques-uns de ces monuments. Sixte-Quint et Paul V se signalèrent par ces utiles restaurations. Grâce à la vigilance de ces pontifes, la Rome moderne, quoiqu'elle ait perdu la plupart de ses anciens aqueducs, est encore mieux approvisionnée en eaux potables qu'aucune ville du monde. Outre les fontaines jaillissantes qui décorent les places publiques, il n'est guère d'habitation privée qui ne jouisse d'un ruisseau artificiel par lequel une agréable fraîcheur est entretenue dans les cours, les vestibules et les jardins. Rome reçoit environ 200,000 mètres cubes d'eau par jour pour une population qui ne dépasse guère 200,000 habitants.

Il est regrettable que ces eaux si abondantes aient été assez mal choisies sous le rapport de la qualité. Trajan fit classer jadis les diverses sources qui alimentaient les réservoirs d'après le degré de pureté, autant du moins qu'on en savait juger alors. Celles de l'Anio, toujours troubles, étaient réservées aux usages infimes ; la dérivation du lac Alsietina n'alimentait que la naumachie ; la plus limpide était attribuée à la consommation domestique. Les eaux qui abreuvent la Rome de nos jours, bien que claires parce qu'elles sont fournies par des sources et par un lac, sont en réalité de qualité médiocre. MM. Boutron et Boudet se sont assurés qu'elles marquent toutes un degré hydrotimétrique élevé.

Après Rome, c'est Gênes qui paraît jouir des aqueducs les plus anciens. Les Romains y avaient amené, dit-on, des eaux de sources recueillies sur les montagnes voisines ; mais leurs travaux ayant été détruits, probablement à l'époque de l'invasion barbare, on commença vers l'année 1293 à établir de nouvelles conduites qui furent prolongées à diverses reprises, et s'étendent aujourd'hui sur un parcours de 30 kilomètres. Ce qu'il y a de curieux à noter, c'est que, les eaux de cet aqueduc appartiennent maintenant à des particuliers ; sauf ce que la ville s'en est réservé pour les besoins municipaux. Il n'y a point comme ailleurs des concessions temporaires ou des abonnements à l'année : chaque filet d'eau dérivé de l'aqueduc principal a été vendu à perpétuité, et les acquéreurs ont tout droit de revendre ces prises d'eau, d'en réunir plusieurs ou de les diviser et de les débiter en détail. C'est en un mot une propriété immobilière avec tous les droits et les privilèges qui sont inhérents à la propriété. Le prix moyen en était, il y a quelques années, de 4,000 francs par mètre cube journalier. Au reste ce mode de concession perpétuelle n'est pas inconnu à Rome. Il n'est pas difficile d'en trouver d'autres exemples en dehors de l'Italie. Ainsi les eaux de Moncada, qui arrosent Barcelone depuis 1824, furent divisées en petits filets que l'administration municipale vendit aux habitants, Sauf réserve convenable pour les besoins publics, il est digne d'attention, qu'en France, par une tendance contraire, on en soit venu sans trop de raison à considérer les eaux d'une ville comme un domaine imprescriptible et inaliénable que l'autorité ne doit jamais abandonner, autrement qu'à titre temporaire. Dans notre pays même, le système des concessions perpétuelles a cependant été appliqué une fois au moins, car les sources de Royat, qui alimentent depuis longtemps Clermont-Ferrand, ont été aliénées partiellement à prix d'argent.

Arrivant à des temps plus modernes, nous verrons presque toutes les grandes villes, même celles qui sont assises sur les bords d'un fleuve, s'imposer de lourdes dépenses pour distribuer à toute l'étendue de leur territoire des eaux fraîches, saines et agréables à boire. Toutes celles qui l'ont entrepris n'ont pas, il est vrai, réussi. Si quelques-unes ont commis des fautes en cette sorte de travaux, l'expérience en a du moins profité à d'autres. En tête de ces œuvres remarquables, il convient de citer les conduites d'eau de la ville de Dijon, qui ont fait à juste titre la réputation d'un habile ingénieur, M. Darcy. Un aqueduc de 12 kilomètres de long recueille les eaux de la source du Rosoir, dont le débit quotidien varie de 10 à 15,000 mètres cubes suivant les saisons. C'est plus qu'il n'en faut pour une cité de 35,000 âmes, même en faisant la part large aux besoins éventuels de l'avenir. A Dijon, le choix n'était permis qu'entre les eaux d'une source et celles d'une faible rivière. Bordeaux, qui possède un fleuve intarissable, n'a pas voulu se contenter des eaux de la Garonne, qu'il eût été si facile d'élever et de distribuer en ville. L'approvisionnement s'opère par une source et un canal-aqueduc souterrain, La quantité fournie est en moyenne de 170 litres par jour et par tête d'habitant. Toulouse est alimentée par un autre procédé, unique peut-être en son genre et qui fit honneur à l'ingénieur de cette ville, M. d'Aubuisson. En 1789, un généreux citoyen, avait légué une somme importante pour introduire dans les fontaines publiques des eaux pures, claires et potables. Après des recherches réitérées et des explorations infructueuses aux environs, il fut impossible de découvrir une source assez abondante : il fallut se résigner à puiser les eaux de la Garonne ; mais le vœu du testateur, exigeait qu'elles fussent filtrées. On s'avisa de creuser parallèlement au fleuve de longues galeries souterraines à travers un banc de sable. Ces alluvions servirent en effet de filtre naturel ; le liquide qui s'amasse dans les galeries acquiert une limpidité, convenable, quoique la Garonne soit souvent trouble. A Lyon, c'est également le fleuve qui fournit les eaux dont la ville a besoin ; elle sont refoulées dans les tuyaux de conduite par des machines à vapeur après avoir déposé dans d'immenses bassins une partie des matières qu'elles tiennent en suspension. Il n'y a pas lieu, paraît-il, d'être satisfait de cette organisation, qui ne produit qu'un liquide louche, souvent limoneux, malgré les moyens de filtrage employés, et d'une température telle en été qu'on ne peut la boire sans l'avoir rafraîchie.

Il n'est personne qui n'ait entendu parler du canal de la Durance à Marseille et du magnifique pont de Roquefavour, sur lequel ce canal traverse la vallée de l'Arc, au lieu même où Marius détruisit les Teutons. La ville de Marseille était autrefois alimentée d'eau potable par des puits de bonne qualité et quelques sources d'eau excellente ; mais le territoire environnant, brûlé par le soleil, restait stérile et nu, et les bassins du port, dont l'eau n'était jamais renouvelée, répandaient dans l'atmosphère une infection proverbiale.[1] Au XVIe siècle, Adam de Craponne avait proposé d'emprunter à la Durance de quoi irriguer les terrains secs de la Provence. Ce projet, trop grandiose pour l'époque, ne fut exécuté que jusqu'à Arles. Après une longue période d'études et de tentatives avortées, le canal actuel fut enfin ouvert en 1846. Il fournit à la ville et à la banlieue de Marseille un énorme volume de 10 mètres cubes par seconde, soit 864,000 mètres cubes par jour. Les résultats de ce bel ouvrage n'ont pas été aussi avantageux qu'on le devait espérer. La Durance est une rivière torrentueuse qui charrie en tout temps, surtout au moment des crues, une énorme quantité de boue et de limon ; chaque mètre cube apporte près d'un litre de limon, en sorte que l'eau est impropre aux usages domestiques, convient même assez mal à l'arrosage des rues, et ne produit un effet vraiment utile que sur les terres stériles de la banlieue, transformées en jardins et en prairies par ces irrigations abondantes et ce colmatage énergique. On s'est proposé de décanter cette eau en l'arrêtant à divers points du parcours, entre la Durance et Marseille, pour la laisser reposer dans des bassins d'une vaste superficie. Ce procédé d'épuration n'a pas encore tout à fait réussi. D'ailleurs le dépôt limoneux qui

---

[1] Voyez dans la *Revue* du 1er août 1866 l'intéressante étude de M. Bailleux de Marizy sur la ville de *Marseille, ses Finances et ses Travaux publics*.

s'amasse au fond des bassins devient bientôt un embarras, puisqu'il ne s'agit de rien moins que de 7 à 800 mètres cubes par jour.

On comprend par ce qui précède que l'approvisionnement d'une ville en eaux de rivière est toujours sujet à de graves inconvénients. C'est pourtant par ce moyen imparfait qu'est alimentée Londres, la plus grande ville de l'Europe. Il s'agit là d'une population immense, puisque l'on évalue actuellement à 3 millions 1/2 le nombre des habitants agglomérés autour de la Cité. Ce n'est pas tout ; on a calculé que cette population s'accroît de 2 pour 100 par an, en sorte qu'elle atteindrait 5 ou 6 millions au commencement du siècle prochain. Il y a dix-sept ans, on s'y contentait de 200,000 mètres cubes d'eau par jour, sans trop se plaindre de la pénurie ; en 1856, il en fallut 360,000, et aujourd'hui on craint d'en manquer avec 450,000 mètres cubes. La métropole de l'Angleterre est desservie aujourd'hui par huit compagnies qui sont des entreprises particulières, et ont chacune ses moments d'alimentation et ses tubes de distribution. L'une d'elles amène à Londres par un canal de dérivation les eaux de la rivière Lea, affluent de la Tamise. Les sept autres puisent directement dans le fleuve. Or le cours de la Tamise devient de jour en jour plus souillé par les déjections d'une si vaste capitale. Il est de fait que la qualité des eaux livrées à la population a plus d'une fois été critiquée, et que les statistiques médicales constatent une recrudescence de choléra dans la zone d'action de certaines de ces compagnies. Les pompes ont été reportées à Hampton, en amont de Londres, à une distance telle que les mouvements quotidiens de la marée ne pussent y refouler les impuretés de la ville. Ce n'est pas une garantie suffisante, car il existe au-dessus de Hampton cinquante villes et un million d'habitants qui contribuent à corrompre les eaux du fleuve, et les corrompront de plus en plus à mesure que les soins d'hygiène municipale et les habitudes de propreté domestique prévaudront davantage. On doit dire encore que la Tamise n'est pas inépuisable. Quoiqu'elle débite en temps de sécheresse 1,800,000 mètres cubes par jour à l'endroit où les pompes d'alimentation sont établies, la quantité qu'on lui en enlève pour arroser Londres crée des obstacles sérieux à la navigation ; on ne pourrait y puiser un plus grand volume sans compromettre des intérêts considérables.

Et cependant les habitants de Londres se plaignent de manquer d'eau. Si les quartiers élégants, les faubourgs occupés par les classes riches de la société, sont suffisamment pourvus, il n'en est pas de même des rues où s'entasse la population pauvre. Au lieu de mettre l'eau à la disposition du public par des robinets que le consommateur ouvre à volonté et aussi longtemps qu'il en a besoin, la coutume est que chaque maison possède un récipient de capacité médiocre que l'on remplit le matin pour la journée entière. Bien plus, comme les pompes ne fonctionnent pas le dimanche, la ration du samedi doit servir jusqu'au lundi, en sorte que les ménages d'ouvriers manquent d'eau précisément le jour où ils ont le loisir de laver leurs vêtements et leurs demeures. Cette restriction fâcheuse n'a d'autre cause que la crainte d'épuiser trop vite ce que les moyens actuels ; de distribution permettent d'offrir au public. Pour que le système fût changé, il faudrait que l'on pût disposer de sources inépuisables dont les eaux arriveraient à domicile par leur propre poids. Ces sources pures et abondantes dont le besoin est si vivement senti, on croit les avoir découvertes à soixante lieues de Londres, dans les montagnes du pays de Galles, On a émis l'idée de recommencer pour la capitale de l'Angleterre et sur une plus large échelle ce qui s'est fait pour Glasgow, ville de 485,000 âmes. Cette cité était arrosée jadis par les eaux troubles de la Clyde, que des machines refoulaient dans des réservoirs et des tuyaux de distribution. Comme ce liquide était toujours trop chaud, ou trop froid et que l'on n'était pas parvenu à le purifier, le corps municipal entreprit d'amener en ville les eaux du lac Katrin par un canal souterrain de 40 kilomètres de long. Il y arrive maintenant 60,000 mètres cubes d'une eau que l'hydrotimètre a prouvé être de qualité supérieure. L'ingénieur qui a exécuté la dérivation du lac Katrin propose d'exécuter pour Londres un travail analogue. Cet ingénieur est M. Bateman, qui se vante d'avoir établi déjà des distributions d'eau pour une population de 2 millions d'individus, tant à Glasgow et à Manchester qu'en d'autres localités de moindre importance, et qui possède par conséquent une expérience consommée en ce genre d'entreprises.

La région montagneuse dont il est question d'absorber les sources au profit des habitants de Londres est située sur le versant oriental, du pays de Galles, au pied des monts Caderidris et Plynlimmon, et comprend le bassin supérieur de la rivière Severn. Autant les eaux de cette rivière sont sales lorsqu'elles se jettent dans le canal de Bristol après avoir recueilli les déjections des villes assises sur ses bords, autant les sources supérieures qui l'alimentent sont pures, claires et fraîches. Le projet de M. Bateman consiste, à barrer par des digues transversales plusieurs vallées qui seraient transformées en lacs artificiels. Ces approvisionnements considérables sont nécessaires, car le débit des sources est très faible pendant l'été. La prise d'eau étant à une grande hauteur au-dessus du niveau de la mer, l'aqueduc se déroulerait avec une pente régulière dans la vallée de la Severn, inclurait le faîte peu élevé qui sépare cette vallée de celle de la Tamise, et viendrait se déverser près de la capitale en des réservoirs d'une altitude telle que l'eau pût se distribuer dans toute la ville jusqu'au sommet des maisons par le seul effet de la pesanteur. C'est à peu près comme si l'on proposait d'amener à Parte, les sources de la chaîne des Vosges. M. Bateman estime que la création de ce fleuve artificiel coûterait 215 millions de francs, et qu'il fournirait 585,000 mètres cubes par vingt-quatre heures, ce qui ne serait que juste suffisant pour les 3 millions 1/2 d'habitats auxquels le projet s'applique. Ces énormes chiffres effraient au premier, abord ; cependant ce n'est pas proportionnellement une dépense plus forte que celle qui a été faite en d'autres villes moins importantes en vue, de pourvoir aux mêmes besoins. Les approvisionnements et distributions d'eau ont coûté 700,000 francs à Dijon, 19 millions à Glasgow, plus de 40 millions à Marseille. On va voir qu'à Paris, où le problème se présentait presque dans les mêmes conditions qu'à Londres, on paiera largement le bienfait d'une alimentation abondante en eau potable. Après avoir passé en revue les travaux de ce genre les plus dignes d'être signalés, il sera plus facile d'apprécier la solution qui a été adoptée pour Paris et déjuger les motifs qui lui ont fait accorder la préférence.

Section III

Il n'y a pas à Paris de question municipale qui ait été plus vivement discutée en ces dernières années que celle des eaux ; il n'est pas de projet de l'édilité parisienne qui ait soulevé plus de contre-projets, qui ait été attaqué davantage tant à l'intérieur de la ville qu'au dehors, qui ait été critiqué et défendu par plus de savants et d'ignorants, de cette controverse presque éteinte, il est resté bon nombre de documents qui permettent d'envisager le problème sous toutes ses faces, d'analyser et de mettre en présence les opinions contradictoires, sans compter que les premiers résultats acquis enlèvent aux projets adoptés par l'administration municipale les doutes et les incertitudes dont toute étude nouvelle est accompagnée à ses débuts. Ce n'est pas seulement parce que Paris est la première ville de France qu'il est utile d'examiner comment l'alimentation en eau potable y a été conçue ; c'est aussi comme épreuve sur une large échelle des divers modes d'approvisionnement dont on peut disposer ailleurs. S'il n'était pas aisé de résoudre le problème, au moins comprendra-t-on d'après ce que nous avons dit plus haut qu'il était facile de le poser. A 2 millions d'habitants, il faut compter 300,000 mètres cubes d'eau par jour, puisque chacun d'eux en veut 150 litres. N'oublions pas une large réserve pour l'avenir, car la population s'accroît et devient en même temps plus exigeante pour les soins de propreté ; enfin les besoins de l'industrie se développent sans cesse. En somme, les ingénieurs de la ville ont calculé que 420,000 mètres ne seraient pas de trop d'ici à quelques années. Au surplus, l'organisation des eaux de Paris serait incomplète, si les étages supérieurs des plus hauts édifices ne recevaient pas directement leur part aussi bien que les rez-de-chaussée ; c'est dire que le niveau de la nappe alimentaire doit être à 80 mètres au-dessus de l'étiage de la Seine. La solution idéale serait d'avoir au sommet de la butte Montmartre un réservoir de 100 mètres de large, 100 mètres de long et 42 mètres de profondeur qui se remplirait chaque nuit et serait vidé pendant le jour. Ces dimensions énormes donneront une idée assez juste des difficultés avec lesquelles on avait à compter.

Un court historique montrera comment la question a été envisagée aux diverses époques de l'histoire de Paris. L'empereur Julien, qui éprouvait, paraît-il, comme tous les Romains, une répugnance instinctive pour les eaux de fleuve, quoique la Seine dût être de son temps très limpide en comparaison de ce qu'elle est aujourd'hui, fit construire un aqueduc entre les sources d'Arcueil et son palais des Thermes. C'est le plus ancien ouvrage hydraulique dont il reste des traces auprès de Paris. Les eaux n'en devaient être que médiocres, car aujourd'hui elles sont incrustantes, et, bien qu'agréables à boire, contiennent une proportion trop considérable de sels calcaires. Au moyen âge, les abbés de Saint-Laurent et de Saint-Martin-des-Champs amenèrent à des fontaines érigées dans le voisinage de leurs couvents les sources des coteaux de Belleville et de Ménilmontant ; un peu plus tard, Philippe-Auguste fit venir dans le quartier des Halles les eaux des Prés-Saint-Gervais. Toutes ces sources étaient de la plus mauvaise qualité ; le peuple prenait sans doute dans la Seine elle-même ce qui était nécessaire à ses besoins, très restreints à cette époque. On en vint bientôt à installer des pompes afin d'éviter aux habitants la peine de puiser directement au fleuve ; les établissements hydrauliques de la Samaritaine et du pont Notre-Dame furent alors construits. Les anciens préjugés des Romains contre les eaux de rivière étaient oubliés ; bien plus, on n'avait même pas soin d'établir les prises en amont de la ville, où l'on eût recueilli un liquide plus suspect. A la fin du XVIIIe siècle, une compagnie particulière, à laquelle fut octroyé le privilège de créer une distribution à domicile, s'organisa de la manière la moins heureuse ; elle installa ses pompes et ses réservoirs à Chaillot, dans la partie du fleuve la plus souillée par les égouts. Ce que fournissaient les pompes et les sources était si peu de chose, il y a soixante ans, — 8,000 mètres cubes par jour tout au plus, — que l'on a peine à imaginer comment la population de Paris pouvait s'en contenter. L'empereur Napoléon Ier décupla les ressources hydrauliques de la capitale en faisant exécuter le canal de l'Ourcq, qui fut à la fois un canal de navigation et un mode d'approvisionnement pour les fontaines publiques ; mais l'eau qui s'en écoule est assez médiocre en tant que boisson, elle contient une forte dose de sels dissous et n'arrive d'ailleurs qu'altérée par un long trajet à ciel ouvert, trop chaude ou trop froide suivant la saison. Elle ne débouche pas assez haut pour arroser le sommet des buttes comprises dans l'enceinte des fortifications. Quelques années plus tard, le puits artésien de Grenelle parut un moyen nouveau et fécond de pourvoir aux besoins croissants de la population. En réalité, ce puits n'a jamais donné qu'un millier de mètres cubes par jour, encore l'eau en est-elle tiède et fade. Enfin de puissantes pompes à feu installées à Chaillot en 1851 permirent d'arroser une grande partie de la ville avec l'eau de Seine, mais sans remédier aux défauts bien connus de ce mode d'alimentation.

Henri Blerzy

Lorsque la question fut mise à l'étude il y a treize ans environ, Paris recevait chaque jour 148,000 mètres cubes d'eau, dont 104,000 amenés par le canal de l'Ourcq, 41,000 puisés à la Seine au moyen de machines à vapeur, et le reste fourni par le puits de Grenelle, l'aqueduc d'Arcueil et diverses sources. En tant qu'il ne s'agissait que du nettoiement des rues, cela pouvait sembler suffisant, car il n'importe guère que l'eau versée sur le pavé soit plus ou moins pure et chargée de sels calcaires ; mais pour la boisson, pour la distribution à domicile, pour la consommation industrielle, une eau de cette nature était intolérable. Au reste, la quantité faisait défaut, car l'arrosage public eût absorbé le tout à lui seul par les chaudes journées d'été. Il s'agissait de découvrir quelque part un complément journalier de 200,000 mètres cubes au moins, dont la moitié, si ce n'est plus, devait être disponible sans délai. Le plus simple, au dire de bien des gens, eût été d'installer au bord de la Seine de nouvelles machines à vapeur pour refouler l'eau du fleuve jusqu'à des réservoirs creusés sur les points culminants. A ceux qui prétendaient que la Seine, réceptacle des immondices des rues et des résidus industriels, ne possédait pas les qualités requises pour la consommation individuelle, les partisans de ce système répondaient que les eaux seraient filtrées et que les bouches d'aspiration seraient reléguées au pont d'Ivry, en amont de toutes les fabriques et de toutes les ouvertures d'égouts. Certains faiseurs de projets prétendaient même se passer de machines à vapeur. Il n'y avait, disaient-ils, qu'à barrer la Seine et employer comme force motrice la chute d'eau créée par ce barrage. N'est-ce pas ainsi que Versailles est approvisionné par les roues hydrauliques de Marly ? Les adversaires des moteurs mécaniques faisaient remarquer que les machines colossales de Chaillot n'étaient déjà capables de fournir qu'une très faible partie de l'eau nécessaire à la consommation totale et qu'il eût fallu, pour assurer l'approvisionnement complet par des pompes, dix fois plus de force, de charbon et d'ouvriers. On objectait encore qu'il serait assez maladroit, en fondant le service hydraulique d'une grande ville sur l'usage incertain de machines, de le subordonner à la rupture d'un balancier ou d'une tige de piston. L'usage de l'eau de Seine étant d'ailleurs mauvais en principe, il fallait évidemment imiter les Romains, qui avaient dédaigné le Tibre, dériver vers Paris des sources éloignées, non pas dans un lit à ciel ouvert comme le canal de l'Ourcq, où l'eau se corrompt en l'Ourcq, où l'eau se corrompt en cheminant, mais par un aqueduc souterrain à l'abri des variations de température et des éléments de putréfaction. Il était préférable encore de combiner toutes les ressources disponibles, et d'affecter chacune d'elles à l'usage qui lui convenait le mieux ; c'est en effet la solution qui prévalut. La consommation des services publics, fontaines, monumentales, bornes-fontaines, l'arrosement des rues, des squares, des parcs, étant évaluée à 250,000, mètres cubes, on décida qu'il y serait pourvu au moyen du canal de l'Ourcq, dont le cours, accru des affluents négligés, jusqu'alors, fournirait 200,000 mètres, — par les pompes à vapeur de la Seine et de la Marne et par les puits artésiens. Ces diverses sources étaient même capables de fournir 40,000 mètres à la grande industrie, qui n'exige pas à la rigueur des eaux de première qualité. Il ne restait plus à trouver que 130,000 mètres pour la distribution à domicile, pour les usages domestiques ; mais ce service réclamait impérieusement, des eaux moins dures que celles de l'Ourcq, plus limpides que celles de la Seine, plus fraîches que celles des puits artésiens. Ce n'est pas que le public eût une idée nette de ce qui lui manquait sous ce rapport. Habitués de temps immémorial à boire l'eau de Seine, les habitons de Paris, n'en sentaient plus les défauts. Néanmoins, l'occasion s'en présentant, il était sage de renoncer à un état de choses dont les hygiénistes avaient signalé les inconvénients. C'était surtout un devoir de fournir à la population pauvre, à prix réduit, ou même gratuitement, une eau qui n'eût plus besoin d'être filtrée ni rafraîchie en été par des procédés artificiels.

Ceci étant admis, il était nécessaire d'explorer l'hydrotimètre à la main, toutes les sources du bassin, supérieur de la Seine, de les éprouver, de les jauger et de choisir dans le nombre, celles qui seraient assez pures et assez abondantes. Le choix fait il restait encore à les conduire à Paris par un aqueduc, souterrain, afin d'en conserver la limpidité, la fraîcheur, toutes les qualités primitives. Telle était l'immense entreprise qui s'imposait à l'édilité parisienne.

Les recherches des ingénieurs étaient circonscrites au bassin hydrographique de la Seine, en vue d'éviter les travaux trop onéreux qu'eût exigés l'apport des sources d'un autre bassin. C'eût encore été un champ bien vaste, si des considérations géologiques n'en eussent restreint tout de suite l'étendue. Au voisinage immédiat de Paris apparaissent des terrains gypseux qui rendent les eaux séléniteuses à un haut degré, c'est ainsi que les fontaines alimentées par les anciens aqueducs d'Arcueil, de Belleville et des Prés-Saint-Gervais ont toujours eu la réputation d'être impropres au blanchissage. Cet inconvénient n'eût-il pas existé, il eût encore été très difficile ou trop onéreux de s'approprier les sources qui arrosent les vallées riches et peuplées de la banlieue. Au-dessous des couches de gypse, de marne et de calcaire grossier qui forment comme un îlot de terrains tertiaires autour de Paris, les sondages ont révélé l'existence d'une puissante couche de craie, épaisse de 400 mètres ; au-dessous encore règnent les calcaires jurassiques. Ces couches successives, étant inclinées sur l'horizon du sud-est au nord-est, se relèvent au niveau du sol dans la partie haute du bassin ; La craie affleure sur presque toute l'étendue de l'ancienne province de Champagne ; au-delà, vers les sources primitives de la Seine et de ses grands affluents, le calcaire jurassique se montre à son tour et forme les limites du bassin. Les sources qui émergent du calcaire jurassique marquent à l'hydrotimètre de 17 à 24 degrés, ce qui les classe parmi les eaux de bonne qualité. Elles apparaissent à une grande élévation au-dessus du niveau de la mer, en sorte qu'il serait aisé de les faire couler vers Paris dans un lit artificiel ; mais la distance à franchir ne serait pas de moins de 250 à 300 kilomètres let la dépense de construction de l'aqueduc serais exorbitante. Sur le terrain crayeux, les sources ne sont ni moins bonnes ni moins abondantes, et elles sont plus rapprochées. On résolut d'emprunter à cette région l'eau nécessaire pour compléter réapprovisionnement de la capitale.

Le voyageur qui s'éloigne de Paris par l'une des branches du chemin de fer de l'Est traverse en quelques heures les plaines blanches de la Champagne, dont il aperçoit, à droite et à gauche des vallées qu'il parcourt, les horizons dénudés, terre pauvre et ingrate, en partie transformée aujourd'hui par une agriculture bien entendue, et célèbre dès longtemps par les productions de la vigne qui ont fait au pays une réputation universelle. A voir ce sol stérile, que le peuple a qualifié d'un surnom énergique, on ne se douterait guère que de temps immémorial les hommes s'en sont disputé la possession les armes, à la main, et qu'il recèle à chaque pas les traces de toute notre histoire, les souvenirs de nos guerres depuis Attila jusqu'à Napoléon, voire les témoignages authentiques et les débris informes d'une civilisation antéhistorique. Considérée au point de vue topographique, la Champagne apparaît sous forme de plaines médiocrement ondulées que découpent des vallées à pentes douces et peu profondes. Si les plaines sont arides, c'est que le sol en est très perméable et que les eaux de pluie pénètrent à l'intérieur sans presque en humecter la surface ; mais ces eaux se réunissent à quelques mètres au-dessous en une nappe d'eau continue, et chaque fois qu'un pli de terrain descend plus bas que le niveau de cette nappe, elle s'épanche en une source intarissable. Les sources sont d'autant plus abondantes qu'elles sont plus rares ; la population s'est groupée tout au long des cours d'eau. Cette même nappe qui suit les pentes du banc de craie vient passer sous Paris à 500 mètres de profondeur, c'est elle qui alimente les puits artésiens de Grenelle et de Passy ; mais elle s'échauffe outre mesure au contact des couches intérieures du globe, et d'ailleurs il n'est pas commode de l'aller chercher si bas.

Les premières sources du terrain crayeux que la ville de Paris acquit en Champagne furent celles de la Dhuis et du Surmelin, petites rivières qui se jettent dans la Marne, à peu de distance de Château-Thierry. Il était question aussi de dériver les sources de la Somme-Soude, autre affluent de la Marne plus éloigné. Ce que ce projet rencontra d'oppositions en Champagne, il est à peine besoin de le rappeler. On voulût faire croire que les rivières dont il s'agissait seraient asséchées en été, qu'elles conserveraient à peine un filet d'eau en hiver, que les terres riveraines seraient condamnées par la sécheresse à une affreuse stérilité, et que les habitants n'auraient plus d'autre ressource que d'aller vivre ailleurs. Que les possesseurs des sources en exagérassent l'influence sur la fertilité du pays, il n'y avait rien de surprenant, car l'eau étant une marchandise, il est naturel que le détenteur la surfasse afin de la vendre à plus haut prix. Il est au moins étonnant que, pour faire obstacle aux projets de dérivation, on ait voulu prétendre aussi que les sources des terrains crayeux étaient malsaines, malignes, engendraient de graves endémies. Les propriétaires du sol et des usines auxquels la dérivation projetée causait un dommage évident furent indemnisés à prix d'argent ; quant aux autres objections ; il n'en fut pas tenu compte. Toutefois il fallut abandonner ou du moins ajourner le projet de la Somme-Soude, qui alarmait trop les populations. L'aqueduc de la Dhuis fut seul établi ; un immense réservoir creusé sur les hauteurs de Belleville reçut ses eaux, qui, depuis le 1er octobre 1865, concourent à l'approvisionnement de Paris à raison de 40,000 mètres cubes par jour. Cet aqueduc est un long canal d'environ 130 kilomètres d'étendue, le plus souvent enfoui sous terre, parfois porté sur des arcades. On n'y voit pas de ces immenses arches en maçonnerie que les Romains édifiaient en pareille circonstance au travers des vallées secondaires. Par un sentiment d'économie intelligente, les ingénieurs modernes ont franchi les vallées qui leur barraient le passage au moyen de tuyaux métalliques en forme de siphons. Quoique que toutes les dépenses superflues aient ainsi été évitées, ce travail n'a pas coûté moins de 18 millions de francs. Compte fait des frais d'entretien, chaque mètre cube d'eau rendu aux portes de Paris revient à 4 ou 5 centimes. L'eau de la Seine, élevée par des machines à vapeur, coûterait un peu moins cher ; il est vrai, qu'elle serait de qualité bien inférieure.

    Les 40,000 mètres cubes que la Dhuis fournit ou pourra fournir chaque jour, lorsque des travaux de captage auront accru le débit de ses sources, sont loin de suffire, comme on a vu plus haut, à l'alimentation de la capitale. Les ingénieurs de la ville ont l'intention d'emprunter les 90 ou 100 mille mètres, qui font encore défaut à la Vanne, petite rivière claire et limpide qui sort du département de l'Aube à la limite des terrains crayeux de la Champagne, et se perd dans l'Yonne en amont de Sens. La vallée de la Vanne renferme tant de sources que les terres souffrent de la surabondance et du défaut d'écoulement des eaux, les prairies sont des marécages ; il n'y avait donc pas à redouter de ce côté les plaintes que les riverains de la Dhuis avaient fait entendre. Au reste la qualité de ces eaux est bonne, car elles ne marquent que 18 à 20 degrés hydrotimétriques. Le débit en est aussi très régulier, si ce n'est à la suite des sécheresses prolongées. La baisse se produit d'habitude aux mois de septembre et d'octobre, c'est-à-dire après la saison des grandes chaleurs et de la grande consommation. Comme il y avait beaucoup de moulins établis depuis un temps immémorial sur le cours inférieur de la Vanne et en possession du droit d'en utiliser les eaux, la ville de

Paris eut à dépenser tout d'abord plus de 3 millions en achats de terrains ou d'usines et en indemnités. L'aqueduc, qui aura de 172 à 175 kilomètres de long, coûtera 30 millions ; il amènera un torrent d'eau fraîche, pure, et agréable au goût sur les sommets de Montrouge, à 54 mètres au-dessus de l'étiage de la Seine.

Dès que les travaux en cours d'exécution vont être achevés, Paris recevra une quantité suffisante d'eaux de source et d'eaux de rivière, les unes réservées à la consommation domestique, les autres attribuées au service public de l'arrosage et du nettoiement des voies de circulation. Voyons maintenant comment elles sont distribuées à chaque quartier, à chaque rue, à chaque maison. De vastes réservoirs établis sur les points culminants de la ville reçoivent et emmagasinent les eaux. Celui de Passy, à 50 mètres au-dessus de la Seine, peut contenir 37,000 mètres cubes, que refoulent les machines élévatoires du quai de Billy ; il reçoit aussi dans un compartiment spécial les eaux du puits artésien de Passy, destinées à l'arrosage du bois de Boulogne. Un réservoir sera construit à Montrouge à l'extrémité de l'aqueduc de la Vanne. Un troisième réceptacle vient d'être organisé sur les hauteurs de Ménilmontant, à 82 mètres au-dessus de la Seine ; il reçoit dans un premier bassin 31,000 mètres cubes d'eau de la Marne, que lui envoie l'usine à roues hydrauliques de Saint-Maur, et dans un second bassin 100,000 mètres cubes d'eau de la Dhuys, c'est-à-dire ce que l'aqueduc en amène en deux jours et demi, de sorte que l'écoulement peut être interrompu dans cette longue conduite souterraine sans que le service en souffre. Cette précaution a été prise en vue de prévenir les chômages que l'entretien de l'aqueduc et des siphons rendrait inévitables. Ce dernier réservoir est à une altitude telle qu'il alimente les quartiers les plus hauts de la rive droite. D'autres de moindre importance sont établis ou projetés sur différents points élevés. Autant que possible, chacun d'eux est rempli par deux sources séparées, afin d'éviter les interruptions accidentelles ; mais la distinction entre les eaux de source et celles de rivière est rigoureusement maintenue. De chaque réservoir part une conduite de distribution de 50 centimètres à 1 mètre de diamètre selon l'étendue du quartier qu'elle dessert ; sur cette conduite maîtresse s'en embranchent d'autres plus petites enfouies sous chaque voie publique et dont se détachent les tuyaux d'alimentation des maisons particulières ou des fontaines. Chaque rue doit posséder deux conduites distinctes, l'une pour le service public, l'autre pour le service privé. L'eau arrive à chaque orifice avec la pression que lui donne la hauteur du réservoir d'où elle provient ; ainsi dans les quartiers bas où cette pression est énorme, elle se laisse transformer en pouvoir moteur. Cette force naturelle d'un nouveau genre a déjà reçu maints emplois en diverses industries ; notamment pour l'élévation des fardeaux. L'exposition universelle en montre une application qui est l'un des succès de curiosité de cette grande exhibition.

En résumé, 140,000 mètres cubes d'eau de source d'une limpidité parfaite et d'une température constante, et 280,000 mètres d'eau de rivière' lus ou moins altérée par les résidus de la vie animale et sujette aux vicissitudes des saisons, voilà le contingent quotidien dont les Parisiens jouiront bientôt. Paris méritera d'être comparé alors aux villes où l'alimentation hydraulique est la plus satisfaisante. Sans doute ce résultat n'aura été obtenu qu'au prix De sommes énormes. On serait mal venu de discuter dans un esprit d'économie trop rigide les dépenses dont le but essentiel est le bien-être, l'hygiène, la santé des populations. Toutefois l'objection tombe d'elle-même lorsqu'on l'examine de plus près. Il est constant en effet que la ville récupérera sous forme d'abonnements et redevances annuelles l'intérêt de l'argent avancé par elle pour la création des aqueducs, réservoirs et tuyaux de distribution, tandis que le public ne paiera point cette eau saine et pure plus cher qu'il ne payait auparavant l'eau de la Seine imparfaitement filtrée et transportée à grand renfort de bras à tous les étages des maisons. Une entreprise de distribution d'eau dans une grande cité est une opération industrielle avantageuse, puisque des compagnies privées l'ont souvent exécutée avec succès. Le point capital est que le projet en soit conçu sur un bon plan ; les travaux de la ville de Paris ont reçu sous ce rapport l'approbation de juges compétents.

Est-ce à dire que l'ensemble de ces travaux soit à l'abri de tout reproche ? Il est aisé d'indiquer des améliorations importantes, que l'avenir exigera, bien qu'au temps présent elles puissent être regardées comme superflues. D'abord, en ce qui concerne les eaux de source, on peut regretter qu'elles aient été recueillie à une trop faible distance de Paris et dans une région dont on a contesté, — à tort nous aimons à le croire, — les aptitudes salutaires. L'alimentation n'emprunte pas ses ressources, comme en d'autres villes de premier ordre, à des rivières d'une propreté suspecte ; mais elle n'est pas basée non plus, ainsi qu'on en trouve des exemples bien dignes d'être imités, sur les eaux cristallines, en quelque sorte virginales des terrains primitifs. Elle est due à des sources soumises dans une faible mesure assurément, mais enfin soumises aux variations estivales au lieu d'emprunter à des lacs d'un niveau constant un débit invariable. Eût-il mieux valu prolonger les aqueducs au-delà des terrains crayeux jusqu'aux couches du calcaire jurassique ou dépasser même les bornes du bassin de la Seine, imiter en un mot, dans des conditions en apparence moins favorables, le projet anglais qui consiste à conduire à Londres, les eaux du pays de Galles ? Mais on s'étonnait déjà que les ingénieurs allassent, quand la Seine est si proche, chercher d'obscurs ruisseaux à quarante lieues de distance ; le public eut compris moins encore futilité d'aller deux ou trois fois plus loin. Cependant, si la solution adoptée est préférable en ce moment-ci, il n'est pas dit qu'elle paraîtra telle dans quelques années.

Si l'organisation présente du service hydraulique donne prise à la critique, c'est plutôt par les emprunts considérables qu'elle fait encore à la Seine et à la Marne, et par les moyens artificiels employés pour relever les eaux de ces deux rivières. Ce n'est pas que ces eaux soient précisément impropres aux usages publics auxquels on les réserve en entier ; ce n'est pas non plus que les engins, roues hydrauliques, pompes et machines à vapeur, doivent être traités avec dédain. Cependant tous ces organes mécaniques n'inspirent pas ce semble, la même confiance qu'un aqueduc où l'eau s'écoule par une pente naturelle. Tout cela est sujet à périr, est condamné à un renouvellement périodique, exige des soins d'entretien incessants, des dépenses de combustible, le concours d'un nombreux personnel. On n'y sent pas le caractère de pérennité qui donnait aux travaux hydrauliques des Romains un cachet d'indestructible grandeur. Rome jouit encore des aqueducs qu'ont établis ses anciens édiles ; en serait-il de même si ceux-ci s'étaient contentés d'aspirer les eaux du Tibre par des moteurs que les révolutions n'auraient pas épargnés ? Cette condition de permanence et de durée commandait l'examen attentif d'un projet qui fut présenté, il y a quelques années, en concurrence avec la dérivation des eaux de la Champagne, et qui consistait à conduire vers Paris par un canal de navigation à ciel ouvert un volume d'eau considérable emprunté au cours de la Loire. Ce fleuve est souvent trouble et tient toujours en suspension une certaine quantité de sable ; par compensation, ses eaux sont d'une pureté hydrotimétrique remarquable, ce qui les rendrait précieuses à l'industrie. Le canal dont il s'agit eût été pour la rive gauche de la Seine ce que le canal de l'Ourcq est pour la rive droite ; mais, lorsque ce projet fut étudié sur le terrain, les ingénieurs se heurtèrent à un chiffre de dépenses formidable. C'était un motif suffisant d'ajournement.

On s'est aussi demandé pourquoi l'alimentation hydraulique de Paris ne serait pas assurée au moyen d'un nombre suffisant de puits artésiens. Le puits de Grenelle ne donne que 600 mètres cubes par jour ; celui de Passy, creusé plus récemment et sur une large section, en fournit 8,000 mètres. Au lieu d'aller chercher très, loin des sources ou des rivières et de les amener à grands frais, il pouvait paraître préférable de creuser quarante ou cinquante puits artésiens dans l'enceinte des fortifications. L'eau qui s'en écoule est plus pure que celle des terrains crayeux. Par malheur, elle est tiède, car elle sort en toute saison à la température de 28 degrés ; puis elle est fade, elle manque d'air et ne convient pas en somme pour la boisson. D'ailleurs l'art de forer les puits à 600 ou 700 mètres de profondeur n'est pas si parfait que l'on ait la certitude de réussir toujours, et, ce qui serait l'obstacle le plus grave, il paraît établi que des puits artésiens trop rapprochés se nuisent mutuellement. Le débit du puits de Grenelle s'est abaissé d'un tiers dès que l'eau jailli par celui de Passy. La nappe artésienne qui règne au-dessous de Paris dans la région souterraine des sables, verts est une ressource accessoire que l'on aurait tort de dédaigner ; il serait fâcheux de ne compter que là-dessus pour fournir à 2 millions d'individus un approvisionnement régulier et suffisant.

En définitive, c'est en dehors de l'enceinte de Paris et même à une très grande distance de ses murs qu'il faut aller chercher l'immense quantité d'eau que la grande ville exige pour ses ablutions quotidiennes. Nous avons vu plus haut que d'autres cités ont reconnu de même la nécessité de s'approprier des sources lointaines. Toute vaste agglomération humaine sent le besoin de drainer à son profit le territoire qui l'environne, de même qu'elle attire les fruits de la terre sur ses marchés. D'un autre côté, en étudiant les mesures relatives à l'assainissement des centres de populations nous avons constaté la tendance des villes à se débarrasser aux dépens de leur banlieue des innombrables germes d'infection qui pullulent dans leur sein, les immondices des égouts, l'air insalubre des usines, les émanations fétides des cimetières. Le voisinage d'une grande ville devient une sujétion de plus en plus lourde pour les campagnes d'alentour. La ville de Paris n'est plus comme autrefois un être isolé dont les intérêts s'éteignent sur l'étroite périphérie de son territoire municipal ; elle achète en Champagne des sources pour désaltérer et laver ses habitants, des terrains près de Pontoise pour y établir ses nécropoles ; elle infecte la Seine inférieure avec les résidus de sa voirie, elle étend au loin ses réseaux intérieurs d'aqueducs et d'égouts, bras immenses, qui aspirent une eau pure et refoulent un liquide pollué par les usages de la vie. L'incessante mobilité de sa population affairée, la circulation bruyante des chemins de fer qui s'y terminent, n'égalent pas, en tant que poids et quantité, le mouvement invisible et silencieux de ces centaines de mille tonnes d'eau claire qui coulent dans les veines de ce grand corps, et y maintiennent la propreté, la fraîcheur et la santé.

www.ingramcontent.com/pod-product-compliance
Lightning Source LLC
Chambersburg PA
CBHW050251230526
45470CB00005B/2209